奇趣真相：自然科学大图鉴

鲨　鱼

[英]简·沃克◎著

[英]安·汤普森　贾斯汀·皮克　大卫·马歇尔　等◎绘

曾景婷◎译

中国人口出版社

China Population Publishing House

全国百佳出版单位

前 言

你可能认为鲨鱼是一种非常危险的鱼类，因为它们经常攻击海洋中的其他动物，甚至袭击人类。但实际上，并非所有鲨鱼都如你想象中那样凶猛。通过阅读本书，你将了解到各种各样的鲨鱼，以及很多关于它们的有趣知识，比如鲨鱼分布在哪里，它们如何游泳、如何进食。你还可以根据本书的提示，做一些有趣的小实验。另外，你还可以完成一些关于鲨鱼知识的小测验，通过一系列的小活动，了解更多关于鲨鱼的奇趣真相。

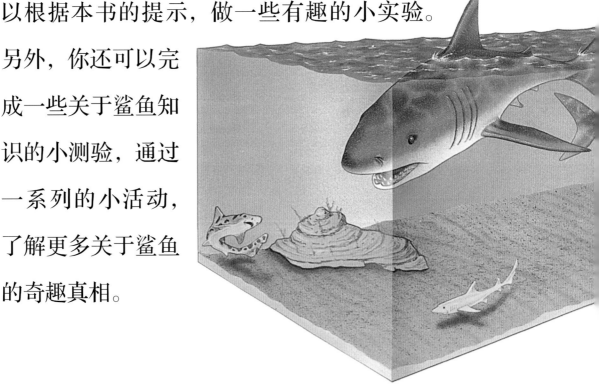

目 录

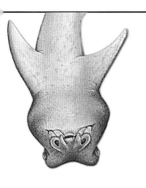

各种各样的鲨鱼

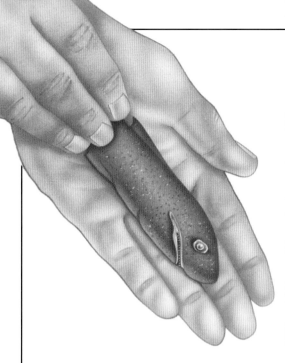

鲨鱼是一种分布范围极广的肉食性鱼类，种类多达 520 余种。鲨鱼体形大小不一，体形大的体长可达 20 米，体形小的甚至可以放到你的手心里。虽然大多数鲨鱼都是凶猛的捕食者，但是鲸鲨和姥鲨等大型鲨鱼却是性格温和的海洋动物，它们以海洋中的浮游生物为食。

小鲨鱼

硬背侏儒鲨是体形最小的鲨鱼之一，它们身体最长的也不超过 28 厘米。灯笼乌鲨、雪茄达摩鲨和印度狗鲛等都是体形较小的鲨鱼。

豹纹鲨

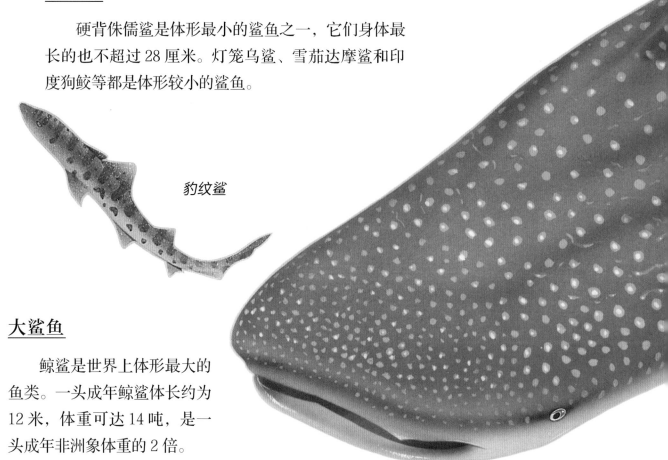

大鲨鱼

鲸鲨是世界上体形最大的鱼类。一头成年鲸鲨体长约为 12 米，体重可达 14 吨，是一头成年非洲象体重的 2 倍。

鲸鲨

鲨鱼的名字

一些鲨鱼因它们体表的图案像野生动物身上的斑纹而得名，比如豹纹鲨、斑马鲨和虎鲨等。锤头鲨因头部有左右两个突起而得名。蓝鲨、大白鲨、灰礁鲨和柠檬鲨则是根据它们体表的颜色来命名的。

锤头鲨

柠檬鲨

虎鲨

灰鲭鲨

快速游泳者

灰鲭鲨和鼠鲨的身体平滑，尾部有力，尤其适合在水中快速移动。灰鲭鲨是所有鲨鱼中游动速度最快的，它们还能跃出水面 6 米左右。

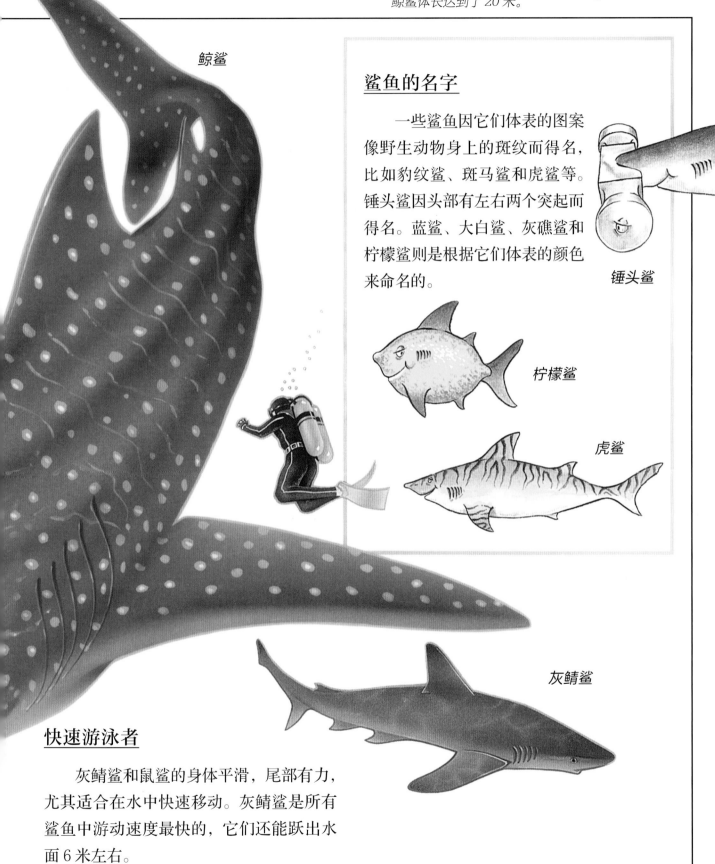

什么是鲨鱼？

鲨鱼是海洋中最有力量和最让人感到恐惧的生物之一。它们种类繁多，体形不同，大小各异。很多鲨鱼的身体呈流线型，这能帮助它们轻松又快速地游动。鲨鱼是一种软骨鱼，它们体表覆盖有盾状的鳞片，质地粗糙，在游动时形成一层静态水膜，有助于减小水中的阻力。

骨骼

大多数鱼类都有骨骼，根据骨骼的性质可以将鱼类分为软骨鱼和硬骨鱼。鲨鱼是软骨鱼，虽然它们的脊椎有部分骨化，但缺乏真正的骨骼。硬骨鱼都有鱼鳔，里面充满气体，可以帮助鱼类呼吸，调节身体比重以控制上浮和下沉。鲨鱼没有鱼鳔，所以它们不得不一直游动，以防止身体下沉。

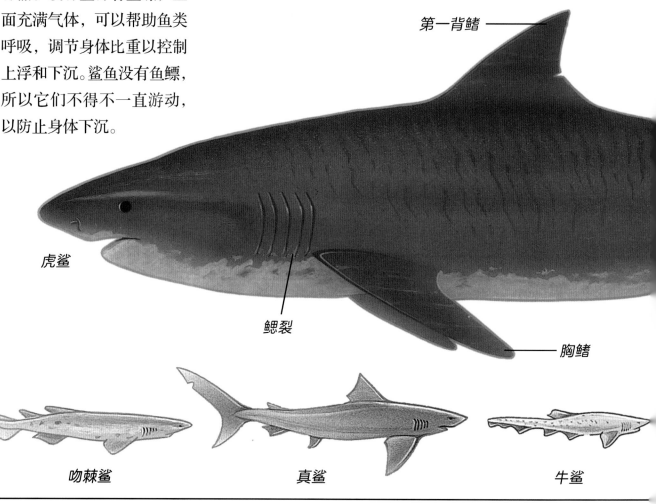

第一背鳍

虎鲨

鳃裂

胸鳍

吻棘鲨

真鲨

牛鲨

鲨鱼的鳍

　　大多数鲨鱼有2对鳍，其中背部有1对背鳍，身体下侧有1对较小的胸鳍。背鳍很大，呈三角状，鲨鱼觅食时贴着海面游动，会露出背鳍。当鲨鱼在海中游动时，背鳍可以起到控制和平衡身体的作用。

流线型的身体

　　大多数鲨鱼的身体是流线型的，可以帮助它们在海里轻松游动。流线型的身体前端浑圆，后端尾巴尖细，拥有这种体形的鲨鱼在水中游动时，受到的阻力较小，所以游动速度很快。用硬纸板做成下图指示的形状，同时用硬纸板做一个圆柱体，将两个形状的物体都放到水中去测试，看看哪种形状的物体更容易在水中移动。

盾状鳞片

第二背鳍

尾鳍

鲨鱼的尾巴

　　鲨鱼在水中左右摇摆尾巴，推动身体向前游动。

腹鳍

臀鳍

糙齿鲨

长尾鲨

瓦氏长须鲨

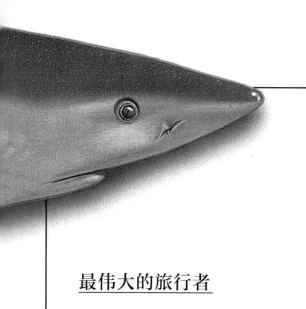

鲨鱼生活在哪里？

从北冰洋的寒冷海域，到非洲热带的温暖海域，世界各地的海洋中都分布有鲨鱼。有些鲨鱼生活在海洋最深处，有些鲨鱼多在海面出没。沙锥齿鲨一般在靠近海岸的地区活动，而大多数鲨鱼都生活在远海。

最伟大的旅行者

蓝鲨会进行长距离旅行，旅行路线从热带海域一直延伸到大西洋的温带海域。据记录，蓝鲨从南美洲的海岸出发，可以一直向北游到6000千米以外的地方。

水上和水下

姥鲨和长尾鲨沿着水面游动觅食。须鲨和铰口鲨生活在海底。大嘴鲨白天在海床上休息，晚上才出来觅食。锤头鲨会集结100多个伙伴浮在海面上，然后一起游到海洋中的其他地方。

崇拜鲨鱼

数千年来，生活在太平洋岛屿上的人们一直都对鲨鱼有特殊的崇拜情结。在新几内亚，人们被禁止捕杀鲨鱼，以免冲撞了海神。夏威夷的居民则崇敬一条叫卡莫·合利的鲨王。太平洋岛屿上还有一些居民相信，鲨鱼可以保留他们死去亲人的灵魂。

海洋崇拜

离开大海

牛鲨有时会成群结队离开海洋，游往淡水河或湖泊等地。人们曾在中美洲及南美洲的湖泊和河流中见过它们的踪影。人们还在非洲的赞比西河发现过牛鲨的踪影，这个地方距离海洋至少有200 千米。

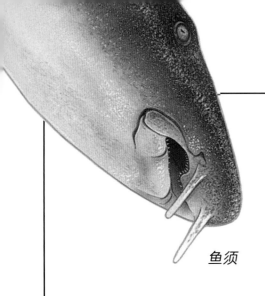

鲨鱼的生活

鲨鱼像人类一样有视觉、听觉、嗅觉、味觉和触觉。锤头鲨的视力很好，在深海环境中往前游动的时候，可以看见周围的一切。它们的眼睛长在像锤子一样的头顶上。鲨鱼的听觉也很灵敏，它们能听到从水下很远处传来的声音。

鱼须

鱼须

铰口鲨、须鲨和皱唇鲨（见上图）都有特殊的触须，叫作鱼须。鱼须位于鼻子的两端，鲨鱼用它们沿着海底摸索前行并寻觅食物。

特殊的感官

在鲨鱼身体的两侧，沿着头部到尾部分布有一条特殊的感知线，被称为侧线。侧线帮助鲨鱼侦察猎物，感知在水中游动的鲨鱼和其他鱼类。

鼻孔

气孔

当鲨鱼撕咬猎物的时候，第三眼睑可以保护它们的眼睛。

鲨鱼头部附近的皮肤上分布着气孔，可以接收其他鱼类发出的电波信号，帮助鲨鱼找到它们的猎物。

侧线

呼吸氧气

与所有动物一样，鲨鱼需要吸取氧气来存活，它们是从海水中过滤氧气的。海水从它们的嘴巴进入身体，然后从喉咙中的腮部溢出。腮呈羽毛状，能过滤氧气。当鲨鱼游动的时候，水流经过它们的腮部，其中的氧气渗透进血管，并与血液混合；血液中的二氧化碳渗出到海水中，从而与海水中的空气完成气体交换。大多数鲨鱼有 5 对腮。扁鲨生活在海底，用头顶的特殊气孔吸入海水，进而获得氧气。

鲨鱼的朋友

有一种鱼叫鲫鱼，它们通过头部的特殊吸盘将自己吸附在鲨鱼身上，算是搭上了鲨鱼的便车。作为回报，它们会吃掉鲨鱼皮肤上的细小生物，帮助它们除菌止痒。引水鱼是一种小型鱼类，体表分布垂直条纹，喜欢成群游在鲨鱼面前。人们之前以为这种小鱼是在引导鲨鱼找到食物，后来发现它们其实是为了寻求鲨鱼的保护。

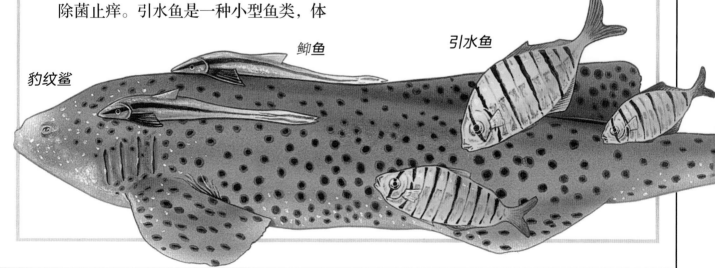

鲫鱼

引水鱼

豹纹鲨

鲨鱼的捕食

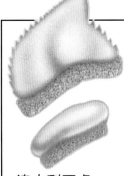

其他虎鲨的牙齿

铰口鲨的牙齿

澳大利亚虎鲨的牙齿

大多数鲨鱼用锋利的牙齿捕食其他鱼类和体形较小的鲨鱼，但是姥鲨和鲸鲨等体形最大的鲨鱼却有着与之截然不同的饮食习惯，它们主要以浮游生物为食。

牙齿

不同鲨鱼的牙齿有所区别，因为它们吃的食物不一样。澳大利亚虎鲨用强壮而平坦的牙齿来粉碎蟹壳和其他贝类，其他虎鲨则用锯齿状的锋利牙齿来刺伤和撕碎猎物。

大多数鲨鱼都有好几排牙齿，断掉的牙齿很快就会被新的锋利牙齿所取代。

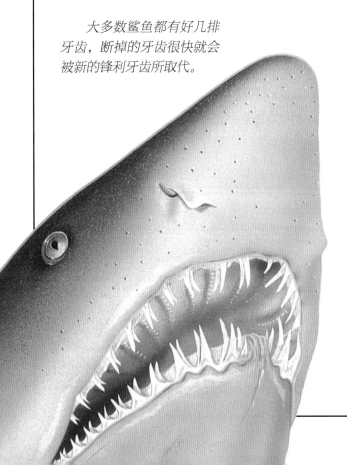

强大的下颚

当鲨鱼撕咬猎物时，下颚向前移动的同时会露出牙齿，这使鲨鱼更容易捕获猎物。接着，鲨鱼会把猎物夹在强大的上下颚之间，以防止它们逃脱。虽然大嘴鲨的嘴巴超过1米宽，但这种鲨鱼性格温和，以浮游生物为食。

滤食性动物

姥鲨和鲸鲨会吸入和过滤大量海水从而食用浮游生物，它们因为这种独特的进食方式而被称为滤食性动物。

姥鲨

鲨鱼吃什么？

鲨鱼的食物包括微小的浮游生物，也包括海狮等哺乳动物。除吃小鱼外，体形较大的鲨鱼还吃海豹、海龟和海鸟等。

虎鲨的食物

虎鲨也被称为"海洋垃圾箱"。除吃有毒的海蜇和硬壳海龟外，它们还有可能误食从船上掉到海里或者从陆地上漂移到海中的垃圾。人们曾在虎鲨的体内发现过易拉罐、狗的尸体、煤块和硬纸壳等。

海胆

海龟

海蜇

在疯狂掠食的过程中，鲨鱼可能会因为海水中的血腥味而过度兴奋，从而产生相互攻击的行为。

鲨鱼卵和幼鲨

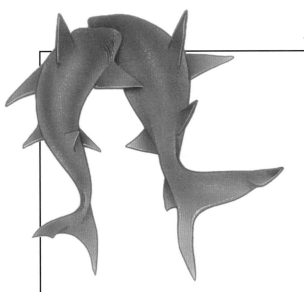

大多数鲨鱼是胎生动物，受精卵在体内孵化成幼鲨，幼鲨出生后即具有捕食能力。狗鲨等鲨鱼则是卵生动物，它们产完卵便会离开，让幼卵独自孵化成幼鲨。

寻找配偶

有些鲨鱼会前往特定的繁殖地点寻找配偶。一头雄性白尖礁鲨（见上图）追逐着一头雌鲨，用牙齿轻咬它的鳍。

一只绒毛鲨的幼鲨正在这个矩形卵囊里发育。

卵

产在母鲨体外的鲨鱼卵被坚韧的矩形卵囊包裹着。狗鲨的卵通常附着在海藻上，以防被海水冲走。澳大利亚虎鲨的卵呈螺旋状，母鲨将卵推到岩石裂缝中隐藏起来。

美人鱼的钱包

　　数百年来，美人鱼一直出现在各种关于海洋的故事中。传说中，美人鱼身体的上半部分像女性，下半部分像一条鱼。被冲到海岸上的鲨鱼卵通常是空的，颜色和形状略显怪异，因此被人们称作"美人鱼的钱包"。

狗鲨的卵囊

澳大利亚虎鲨的卵囊

保持年轻

　　有些鲨鱼一次仅产 1~2 头幼鲨，锤头鲨等鲨鱼则一次产下 40 多头幼鲨。柠檬鲨出生时，与母鲨通过一根特殊的纽带连接在一起。人类的胎儿也以同样的方式依附在母体身上。

柠檬鲨

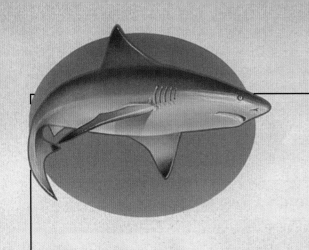

危险的鲨鱼

在已知的所有 520 种鲨鱼中，只有约 50 种鲨鱼会攻击水里的人。它们主要伤害海中的游泳者、冲浪者和潜水者。科学家认为，这是因为鲨鱼把他们误认为海豹或者大型鱼类。最危险的鲨鱼是大白鲨，它们是凶猛而强大的捕食者，体长可达 6 米，牙齿又大又锋利。

保证安全

有些鲨鱼游到海岸附近，攻击在浅水区活动的人。在澳大利亚、南非和美国西海岸等地的度假区，人们筑网来保护游泳的人，以避免受到鲨鱼的攻击。这些网由钢丝线或链条筑成，可以防止鲨鱼游到附近。

13

危险！

　　牛鲨、虎鲨和灰礁鲨也是危险的鲨鱼。灰礁鲨被惹怒后，会拱起背部，降低身体两侧的鳍，这表明它即将对敌人发起攻击。

　　世界各地每年会发生数百起鲨鱼袭击事件。有些人可以在这些袭击中幸存下来，但他们可能会严重受伤。

《大白鲨》

　　《大白鲨》这部电影首映于 20 世纪 70 年代，讲述的是一条大白鲨袭击当地一座僻静的避暑胜地，并造成数名度假者伤亡的故事。

无害的鲨鱼

大多数鲨鱼并不具有威胁性。实际上，鲸鲨和姥鲨等体形最大的鲨鱼基本上都是无害的，它们甚至允许潜水者抓住它们的鳍，搭个便车在水中潜行。这些大型鲨鱼都是滤食性动物，它们没有大白鲨那样极具攻击性的尖利牙齿。

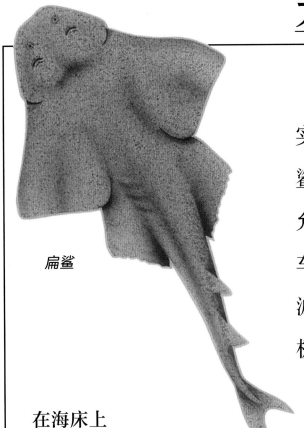

扁鲨

在海床上

铰口鲨长时间栖息在海底，它们移动通常是为了捕捉路过的墨鱼或者搜寻附近岩石下面的鱼类，这种鲨鱼因头部形状类似护士帽而被称为护士鲨。对于人类来说，生活在海底的其他鲨鱼（如身体扁平的扁鲨）是无害的。

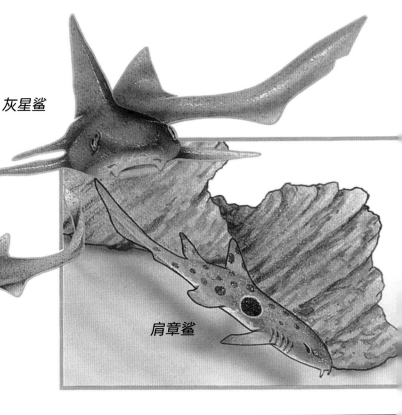

灰星鲨

铰口鲨

肩章鲨

姥鲨牙齿的大小
与葡萄籽的大小相同。

潜水员抓住姥
鲨的鳍搭个便车。

温柔的巨人

姥鲨常常沿着水面游动。
它们可能正忙着捕食，而不
是晒太阳取暖。
鲸鲨生活在水
下，它们常常前往深水
区寻找食物。

什么是伪装？

伪装意味着通过与周围的环境融为
一体，达到躲避天敌的目的。扁鲨生活
在海床上，身上的斑点皮肤能帮助它们
隐藏在沙子里。绒毛鲨吞下大量的海水
或空气，沿着海底的岩石裂缝穿行，可
以轻易融入深海的漆黑环境之中。

绒毛鲨

16

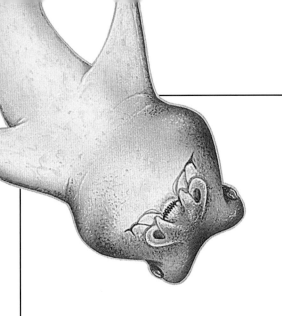

奇怪的鲨鱼

锤头鲨是外形最为奇特的鲨鱼之一，它们的眼睛和鼻孔都长在宽大的锤状头部两端。另一种样貌奇特的鲨鱼是皱鳃鲨，它们头部有带褶皱的鳃裂，这种鲨鱼的外形与鳗鱼相似，所以又被称为拟鳗鲨。

澳大利亚虎鲨

澳大利亚虎鲨又名杰克逊港鲨鱼，经常出没于澳大利亚的南部海域。它们的头部很大，前额突起，鼻孔也很大，有时也被称为猪鲨。

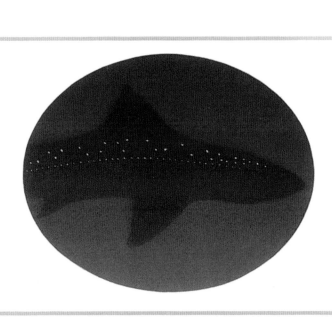

在黑暗中闪耀

灯笼鲨生活在海洋深处最黑暗的地方，它们的腹部有特殊的发光部位，所以小小的身体能在黑暗的海水中发出光芒，即使在距离海面2000米以下的地方也是如此。其他能在黑暗中发光的鲨鱼还有雪茄达摩鲨和绿角鲨等。

罕见的鲨鱼

科学家对有些鲨鱼的了解很少，因为这些鲨鱼很难被人观察到。精灵鲨是罕见的鲨鱼之一，它们的头部有一个长长的尖角。1976年，科学家在夏威夷海岸发现了大嘴鲨，这种鲨鱼在全世界范围内已经发现的数量还不到50头。

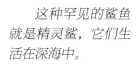

这种罕见的鲨鱼就是精灵鲨，它们生活在深海中。

伪装

大部分铰口鲨和须鲨生活在热带海域的海底。狗鲨的学名是点纹斑竹鲨，有时也被称为狗鲛。它们是一种须鲨，分布在澳大利亚海岸附近以及中国、越南和日本等几个亚洲国家的沿海。这种鲨鱼很擅长伪装，它们的身体是灰褐色的，身上斑点的颜色与周围的岩石或珊瑚的颜色类似，因此可以轻易融入环境之中。须鲨嘴巴下面的鱼须很像海藻，可以帮助它们进行伪装。

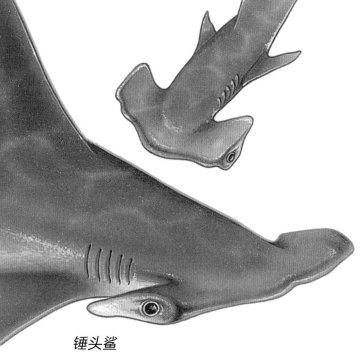

锤头鲨

栖息在海床上的须鲨，能轻易隐藏在周围的珊瑚和海藻之中。

鲨鱼的近亲

鲨鱼最早出现在 4 亿年前，但今天大部分鲨鱼的祖先应该出现在 6500 万年前。那时恐龙灭绝没多久，新的海洋生物开始漫游在汪洋大海之中。大约在 2000 万年前，体长 13 米的巨齿鲨统治着海洋。巨齿鲨可能存活在距今 1.2 万年前，之后便灭绝了，现存的大白鲨是它的近亲。

鲨鱼化石

鲨鱼化石

最原始的鲨鱼的遗骸是在美国被发现的。鲨鱼死后，尸体会沉入海底，渐渐被层层沙子、岩石和泥巴掩埋。经过长时间的地质演变，这样的生物遗体就变成了化石。

皱鳃鲨是最古老的鲨鱼之一，生活在约 3.5 亿年前的地球上。

飞翔的鳐鱼

鳐鱼利用身体两侧巨大的翅状鳍在水中游动，它们看起来就像真的在海水中"飞翔"。和姥鲨一样，鳐鱼也是滤食性动物，它们以海里的浮游生物为食。

鲨鱼的表亲

蝠鲼、锯鳐和鲨鱼一样，都是软骨鱼。蝠鲼大部分时间待在海底，而锯鳐则常常出现在淡水河或湖泊中。蝠鲼的身体很宽，巨型蝠鲼的身体甚至达到 6 米宽，远远超过了身体的长度。

这只蝠鲼看起来像在海里飞翔。

锯鳐

电鳐

刺鳐的毒刺

刺鳐因尾部有毒刺而得名。这些毒刺的边缘分布着细小的倒钩，可以用来自卫，击退锤头鲨等天敌。

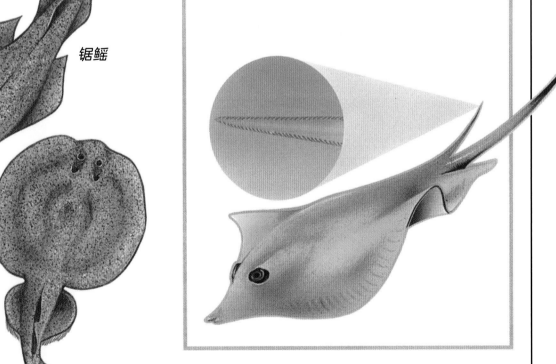

鲨鱼的分类

世界上有超过 520 种不同的鲨鱼。科学家把这些鲨鱼分成了几个不同的群体，同一群体的鲨鱼都有相似的特征。比如，大白鲨、灰鲭鲨和鼠鲨都属于一个叫鲭鲨科的群体。我们还可以根据鲨鱼的居住地、长相或游泳方式，来对它们进行分类。另外，所有生活在深海的鲨鱼可以是一个独立群体，而所有游动速度特别快的鲨鱼又可以是另一个独立群体。

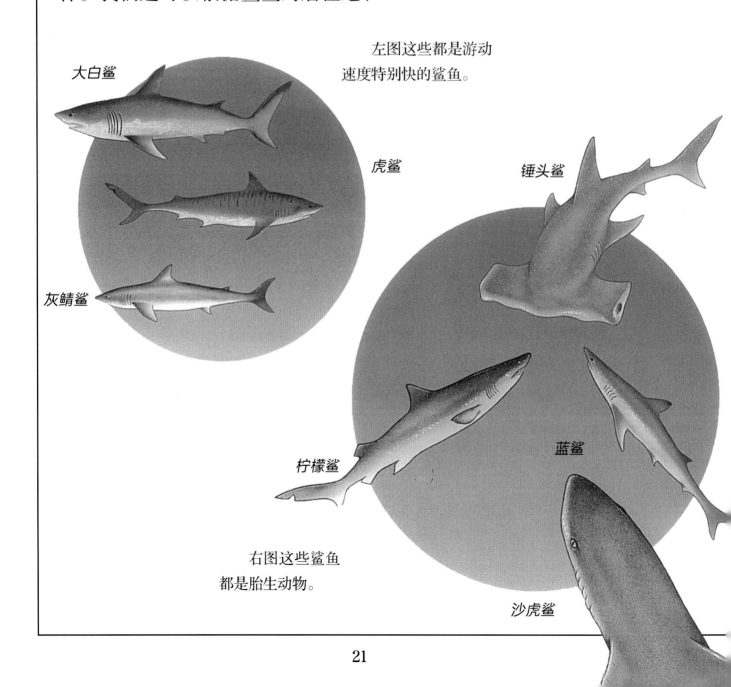

左图这些都是游动速度特别快的鲨鱼。

大白鲨

虎鲨

锤头鲨

灰鲭鲨

柠檬鲨

蓝鲨

右图这些鲨鱼都是胎生动物。

沙虎鲨

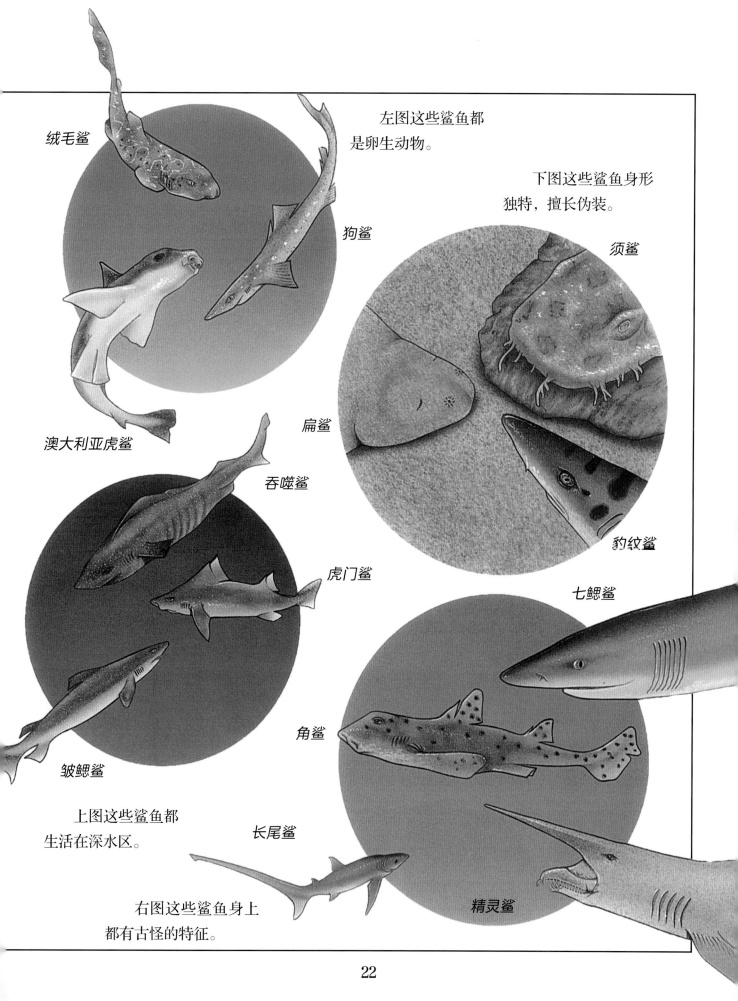

绒毛鲨

狗鲨

澳大利亚虎鲨

左图这些鲨鱼都
是卵生动物。

下图这些鲨鱼身形
独特，擅长伪装。

须鲨

扁鲨

豹纹鲨

吞噬鲨

虎门鲨

七鳃鲨

皱鳃鲨

角鲨

上图这些鲨鱼都
生活在深水区。

长尾鲨

精灵鲨

右图这些鲨鱼身上
都有古怪的特征。

鲨鱼小测验

通过阅读本书，你对鲨鱼的了解增加了多少呢？你还记得哪些鲨鱼能在黑暗中发光吗？人们曾在距离海洋数千米的河流中见过哪些鲨鱼呢？下面是一系列关于鲨鱼的小测验，你可以测试一下自己学到了多少知识。书中的图片线索应该能帮助你找到正确答案。你也可以用这些题目来测试一下朋友和家人。以下所有题目的答案都可以在这本书的相应页面中找到，祝你好运！

（1）哪些鲨鱼是滤食性动物？

（2）鲨鱼的体侧分布着特殊的感知线，这种感知线叫什么？

（4）哪种鲨鱼的头部有一个长长的尖角？

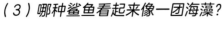

（3）哪种鲨鱼看起来像一团海藻？

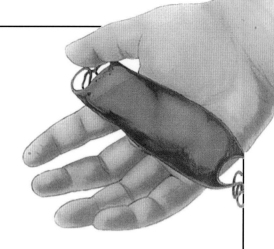

（6）"美人鱼的钱包"实际上是什么东西呢？

（5）鲨鱼有个近亲看起来就像在水中飞翔，这种动物叫什么呢？

（7）喜欢依附在鲨鱼身上的动物叫什么？

（8）哪些鲨鱼是因为外形像其他动物而得名的？

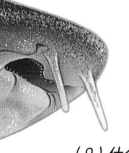

（9）什么是鱼须？

更多奇趣真相

以前，航海者会把**鲨鱼的尾巴**绑在船头，希望能带来好运。

雪茄达摩鲨会在猎物身上咬出圆圆的印子。

第二次世界大战期间，日本人将**鱼肝油**用到战斗机的引擎上。

灰礁鲨受到惊吓时，会呈"8"字形游动。

一头**姥鲨**每小时可以过滤 9000 升水。

在非洲某些部落，男性会用**鲨鱼皮**来包裹箭身，保护自己的武器。

在南太平洋的萨摩亚岛上，**鲨鱼模型**被挂在椰树上，可以防止鸟类等偷食果子。

在一些太平洋岛屿上，**鲨鱼的牙齿**会被当地居民用来做文身。

术语汇编

背鳍

鱼背部的鳍，主要对鱼的身体起平衡作用，有些鱼的背鳍还可以推动身体向前游动。

侧线

鱼类和水生两栖动物的感觉器官，分布在身体两侧，呈沟状或管状。一般鱼类身体两侧各有 1 条侧线，少数鱼类身体两侧都有 2~3 条或者更多侧线。

腹鳍

鱼的腹鳍的位置因不同鱼类而有所差异，有的位于泄殖腔孔的两侧，有的位于躯体腹部，有的位于胸鳍前方、鳃盖后侧，有的位于鳃盖之间。鱼的腹鳍相当于陆生动物的后肢，可以维持身体平衡，辅助身体升降转弯。

流线型

前圆后尖，状似水滴的形状。具有这种形状的物体，在流体中运动时所受的阻力最小。

卵囊

有些动物受精后的雌细胞会分泌一些物质把受精卵包住，幼体就在其中分裂繁殖，这样的保护结构就是卵囊。

滤食性动物

以过滤方式摄食海水中的浮游生物的动物，摄食过程中至少包含主动滤食者和被动滤食者两类。

软骨鱼

是指由软骨而不是硬骨构成骨骼的鱼类，大约有 700 种，几乎都是生活在海洋中的食肉动物。鲨鱼也是一种软骨鱼。

鳃裂

指咽部两侧一系列成对的裂缝，分为内鳃裂和外鳃裂，可直接或间接与外界相通。鱼类通过鳃裂在水中完成气体交换。

胎生动物

人或某些动物的幼体在母体内发育，到一定时期后脱离母体独立成长，这样的繁殖方式就是胎生。人和大多数哺乳动物都是胎生动物。

臀鳍

位于鱼的身体的腹部中线、肛门后方的鱼鳍，基本功能是维持身体稳定和平衡。

鱼肝油

是指从鲨鱼和鳕鱼等海鱼类的肝脏中炼制出来的油脂，黄色，有腥味，富含维生素，可用于防治夜盲症和佝偻病等。

鱼鳔

位于硬骨鱼体腔背部的长形薄囊，可以控制身体比重，调节身体沉浮，还可以作为辅助呼吸器官，在缺氧的环境下为鱼类提供氧气。

版权登记号：01-2020-4540

图书在版编目（CIP）数据

奇趣真相：自然科学大图鉴 .4, 鲨鱼 / （英）简·
沃克著；（英）安·汤普森等绘；曾景婷译 . -- 北京：
中国人口出版社，2020.12
　书名原文：Fantastic Facts About:Sharks
　ISBN 978-7-5101-6448-4

　Ⅰ . ①奇… Ⅱ . ①简… ②安… ③曾… Ⅲ . ①自然科
学 - 少儿读物②鲨鱼 - 少儿读物 Ⅳ . ① N49
② Q959.41-49

中国版本图书馆 CIP 数据核字 (2020) 第 159698 号

奇趣真相：自然科学大图鉴
QIQÜ ZHENXIANG：ZIRAN KEXUE DA TUJIAN

鲨鱼
SHAYU

[英] 简·沃克◎著
[英] 安·汤普森　贾斯汀·皮克　大卫·马歇尔　等◎绘
曾景婷◎译

责 任 编 辑	杨秋奎	
责 任 印 制	林 鑫 单爱军	
装 帧 设 计	柯 桂	
出 版 发 行	中国人口出版社	
印　　　刷	湖南天闻新华印务有限公司	
开　　　本	889 毫米 ×1194 毫米	1/16
印　　　张	16	
字　　　数	400 千字	
版　　　次	2020 年 12 月第 1 版	
印　　　次	2020 年 12 月第 1 次印刷	
书　　　号	ISBN 978-7-5101-6448-4	
定　　　价	132.00 元（全 8 册）	

网　　　址	www.rkcbs.com.cn
电 子 信 箱	rkcbs@126.com
总编室电话	（010）83519392
发行部电话	（010）83510481
传　　　真	（010）83538190
地　　　址	北京市西城区广安门南街 80 号中加大厦
邮 政 编 码	100054